HUNGER

My Memory of My Imprisonment in Austria

1917

Fedele Loria

A WWI POW

DP DIVERSIFIED
244 5th Ave Ste G-200
NY, NY 10001

John Trenk

— Mie memorie —
della mia

Prigionia in austria

« Kriegsgefangenen 117

N. 41925

Loria Fedele

Godiny il 12/12/1915

2

Sigmundscherberg N. ö. 7

La lingua delle donne

Storia Zedda

1.00
0.60
0.30
0.30
3.1 $\frac{1}{2}$ a Corona Ceccarelli
0.60 Centi Dimartino
30 Centi Martinelli 30 Centi Maesano

La Canzone del Prigioniero.

1ª

E Mauthausen quel Paese
Dove sono i Prigionieri
Io lo dico questo è vero
Era meglio di morire,

2ª

La Polenta è quella cosa
Che mangiavo una volta l'anno
Invece qui quando la danno
Una gran festa gli si fa'.

3ª

La Patata le quel frutto
Che si cova sotto terra.
Ci voleva questa guerra.
Per patata diventar

4ª

Stoccafisso con merluzzo
Sono Pesci danno a mare
Invece qui dobbiamo mangiare
Tutti i giorni Baccalà

5ª

L'arrenga che quel pesce
Che mangiavo assai di rado
Invece qui tutto a stufato
Pesce il giorno di Natal

6ª

Barbabiettola lo sapete
Serve al bue per ingrassare
Invece noi dobbiamo mangiare
Se non si vuole obbedire

7ª

Ma le fave son legumi
Che le danno ai cavalli
Ma dei vermi ce ne tanti tanti
Non si possono proprio mangiare,

8ª

Cammomilla l'è quell'erba
Che si da per digerire
Invece qui la fan servire
Niente meno che per te.

9ª

Il pane è poi quella cosa
Che è buono da per tutto,
Invece qui è così brutto
Non si può proprio mangiare.

10ª

Vi ripeto cari amici

Il cibò che ci vien dato

Per tanti mesi ci ha annoiato

Un giorno l'arringa l'altro il baccalà

    11ª

Io tralascio coi miei versi

Scuse a voi se vi ho annoiato

quante volte ho sognato

La mia bella libertà.

          Fine

          Godiny 11/12 917

Discorso del Prigioniero

1ª

O Italia mia diletta
quante cose ti voglio dire
Abbiamo trovato in Austria
Sol miseria e gran soffrire

2ª

Gente brutta, con facce scure
Son venute a comandare
Impiegavan il loro sapere
dei malintesi a provocar,

3ª

Il silenzio da noi volevano
Anche quando avevano ragione
Perchè ai ferri o pure al muro
Ci volevano con gran ragione,

4ª
Una piccola pagnotta in due
di pane nero e disgustoso
Era il cibo più delicato
E per loro il più prezioso.

5ª
La pietanza poi era fatta
Con acqua calda e farina
E formavano degli impasti
Solo adatto per le galline

6ª
Con brodo dei fagioli
Era il cibo che imperava.
Frammischiato con dei cavoli
Farina d'osso oppure di fava"

La polenta con acqua nera

Di caffè solo in sembianza

Era questa la stramezza

Di varietà nella pietanza

Quando il giorno era di magro

Combinavasi a loro vantaggio

Si ponevano nella gazetta

Del baccalà o del formaggio

Ma per non troppo annoiarsi

Ogni giorno si cambiava

Trasformando la pietanza

In un sol piatto di fave

10ª

Le razioni più ridotte
Per non farci indigestione
Ma lo stomaco indegnato
Ne volevano soddisfazione

11ª

Fra salute ed aria buona
Fra la fame e allegria
Siam contenti d di aver trovato
Almeno fra essi buona armonia

Fine

Sodingi 12/12 917

Fine

La presa del Monte nero.

Monte nero dove di
traditor della patria mia
Io ho lasciato la casa mia.
Per venirti a conquistare.

2ª

Spunta l'alba il 16 Giugno
comincia il fuoco d'artiglieria
Il terzo alpini su per la via
Per venirti a conquistar

3ª

Siam arrivati a venti metri
dal nemico trincerato
E con un assalto entusiasmato
Il nemico fu prigioner.

4ª

Per venisti a conquistare
Obbiamo perduti molti compagni
Tutti giovanni sui ventani
E la sua vita non torna piui

5ª

Quanti pianti quanti sospiri
Che faranno le madre sue.
Anche noi ci può far dei quadri
Se il destin mi a lascià!

6ª

Ora mai che i tre colori
Sventola senza fine colà
Forza al sesto Alpini
A Tolmino dobbiam andar.

Ea

E appena giunti saremo
A Tolmino pianteremo la Bandiera
E a Gorizia per Trincea.
      A Trieste vogliamo andar
                Fine Södling, il 12/12/917

            Fumei

La mia villeggiatura in Trincea.

Al gran Otel Carso 1915 – 1916 Stazione Clima...
Bagni luce a gas. asfisianti; auto da 305. pronta
tutte le ore alla Stazione.....

Otel Carso.

Antipasti reticolati elettrici. con Bocche da fuo.
specialità "Doberdò"... Minestra con pallottole
dum dum. pesce dirigibile. Sull'isonzo. con Salsa
D'Asburgo,, Piatto Secondo
Arrosto) Bombe di gelatina e fuoco....
Aeroplani alla class. con gelatine. esplosiva.
Frutta Nepole all'Italiana con Bannana
di granata; vino l'ambraso di baionetta.
lagrime dei poveri Cristi....

Varietà

...e 14 gare d'aviazione internazionale con tiri a volo—.

...e 15 Concerto musicale e cioè:... Prenderanno parte i seguenti istrumenti:... Flauto modello 1891.

Clarino da 70.— Cornetta da 75 Corni da 105.—

Bombardino da 149 Contrabasso da 209 bassi da 270

Gran cassa da 305:...

Pranzo dei soldati al fronte 1ª Pallottola al burro. con relativo fischio... 2ª Brodo con punta penetrante. 3ª Maccheroni a proiettoli della rinomata casa gruppi:...

4ª Bistecche alla shrapnel. con corredo

5ª Contorno con bombe d'aereoplani a gas asfissianti:...

6ª Frutta, granate, e nespole.

7ª Vino Rosso del sangue umano:..

8ª Bottiglia ormai stradecchia del 305 d420.

Il pranzo è assai saporito ma anche indigesto

10ª Il pranzo e servito dalle signorine mitragliatrici in
modo inaspettabile. 11ª Se qualcuno volesse prendere
parte a questo invito venga pure a Santa Albas
e Santa Lucia, ed a Tolmino sicuro.
Che serve l'appetito..

12ª I fumatori della società affamata dichiarano, ot
ore di lavoro tutte le notti

13ª Il miglior rancio dei soldati è il riso con quattro o
di rottura al fuoco, e cinque di marmitta, e così si
può gridare evviva la Guerra

14ª Datemi una risposta o farabutti interdenfisti
se avete la Coscienza...

La salute del soldato al fronte.

Grande diarrea, un e giù per la Trincea
la volta che ci d'andar in discorsa...
Ci tocca sedere giù

.

i corre subito alla visita Medica accennando mal
di testa é mi caccie fuori come una Bestia se in vece
é mal di corpo, mi tratta come porci; se poi
accennando mal di petto, mi perdono il rispetto, se i
piedi son gelati mi mandono di corsa. ai reticolati
e mi sento male ai denti mi fanno lavorar. nei
baraccamenti, se la febbre e ai 39 mi mandono di rincor
posto, mangiando rancio troppo scuppiato divento
ammalato, all'ora per guarigione mi mandano
d'esplorazione... Per riposarmi un minuto devo
nascondermi in un buco, altrimenti per medicina c'è
trincea sera e matina....
In conclusione del nostro dire bisogna star qui
a soffrire, ma almeno c'è una contentezza a
uccidere piddocchi quando sono di vedetta.
Quando non ò altro da fare continuo queste bestie
ammazzare, ci vuole altro cari Signori, a
ricupperare questi dolori; Ci vuol della...

cioccolata per far venire la testa ammalata.
Se per caso mi incanto un poco mi legano d'avan
alla trincea in mezzo al fuoco.
Il 18 Marzo stado bene. La nostra nella sua ca
Bianca.

Caro Amico
Nella ricorrenza del mio onomastico mi sento in
dovere d'invitarti alla festa che verrà data con
tutto il mio buon cuore certo non vorrai
mancare al mio invito dunque ti mando il seguen
Menu? Antipasto Srappnel alla Viennes
Pranzo granate da 305 in esplosiva alla trentin
granate. Da 151 con grande volo e odore di gas
asfissianti. Bombe incendiarie specialità
di Lubiana.
Parampless da 105 alla monfalcone, formaggio
gelatina all'inglese. Frutta mele di granate
di tutte le qualità..... Dolci piccoli...

cannoncini di cioccolata, con sorpressa e confetti
esplosivi. Novità della casa dun dun.. Caffè
lla Gorizia. Avvertenza 7. La festa verrà
rallegrata data meglio suono diritto, dall'abilissima
signorina Mitragliatrice. La marschin eseguirà un
retto progamma composto di graziose suonate
ta le quali la danza dei feriti e la scinfonia dei
morti del maestro Terrore... Durante la notte
splendita illuminazione, disimile bengale dartgg
all'unioni non potranno intervenire che persone
e riunite el detto piastrino di riconoscimento
è sarà dato a loro una maschera antilifica con
un paio docchiali per salvarsi d'allesplusione di
qualche tubo o da ventuali incidenti.
Verranno messi fili direticolati in torno
all'albergo e se severamente proibito oltre
passare la linea senza. L'autorizzazione
del sotto scritto.

Gli interventisti d'Italia, l'anno dichiarato e' racchiusero nel dolore la popolazione.... Avete ragione voi benpensanti in vostra coscienza ma il vostro cuore dibatte forte abbastanza; ditemi un po gridavate avanti ed invece voi siete rimasti a casa perché lungi dai colpi e dai confetti non si teme di morire.. Voi andavate dicendo ai poveri soldati viva la guerra, armiamoci e partite voi che siete coraggiosi usando alla morte. Qui sono i campi sanguinosi do la baionetta affronta attacchi scacciando il nemico.... Fatevi avanti o vili o falsi se credete di aver un cuore sincero mentre si occupava il monte nero voi dormivate sui letti Bianchi e in conclusione rinegate con mente riscaldata di zampogne chianti? Ai vostri comuni non

diceste il vero case da zitelloni e da molinon...
Non è così che si conquista il monte nero,
il san Michele il san Martino monfalcone
il monte sei busi santa maria santa Lucia
il Vodil ed i forti di Tolmino.
Sulla piazza urladate viva la guerra o
tutti scellerati e fannulloni venite qui
che è vostra terra dove l'Austria ha
piazzato dei cannoni adanti qui sono i vostri aderi
scellerati? d'andare a Trieste è questo il
momento su venite fatevi adanti a prendere
Gorizia. ma voi non siete d'un cuore civile
di dare esempio alla vostra idea. Su via impugna
t un fucile e raggiungete un corpo alla linea
Ma questo non lo fate o gente sporca perché
...ti ingiusti della vita e degni del paese
...della forca e di strappardi le unghe dalle
...ita. Finitela una 2 volta o disgraziati

guardate dove la morte ci sorprende che siamo macelli-
ti da corpi umani. Voi siete al sicuro o miserabili
e non sentite i lamenti. Chi è colui che vià
dichiarati in abili? Forse siete tubercolosi
ciechi zoppi oppure gobbi? Dovete fare la cura
delle nostre fatiche ricuperandosi con simili vostri
all'ora di che sarebbe un bel boccone per i
tedeschi... Se voi userete a prendere parte su Trento
o Trieste, sarà una buona ricompensa per voi di
questa guerra. La bella gioventù robusta e sana
dovete perire per le vostre idee e voi tenendolo a vostr.
d'ipposizione le miglior donne della gioventù
novella. Sulla Tomba dei poveri soldati
germoglieranno coltivate e rinvigorite col redente
sole questi fiori di ricorderanno affinchè di voi
non sarà fatto vendetta.

Fine   Godiny 14/12 1917

Canzonetta funebre

Di quel marmo che inchiude le spoglie
di quel figlio che più non vedrò
nella tomba raccolgo le spoglie
d'una madre che tanto l'amò;

    T'allevai fra gli stenti e d'affanni
    Toccò il destino lo vuole così

  e non avendo compiuto i vent'anni

  innocente in guerra morì...—
Dove sei? perché non rispondi.
La tua madre languisce porta
  le tue labbra divine gioconde.
non potranno baciarmi mai più.
    Compatite una povera madre
    ch'a perso il figlio sul fior dell'età
    e compiagete il vecchio suo padre
  che anche i Tedeschi ne avrebbero pietà.
        Fine   Goding il 15/12 917

23

Ogni Madre che al suo figlio vuol ben(e)
quello che soffre il suo cuore sola
e sarà morto che ... orribile pen(a)
il mio figlio sul fior dell'età

Se potessi scavar di una fossa
aseppellirmi vorrei da me
per poter collocarle mie ossa
solo un palmo lontano da te.

Alla mattina il cancello si apre
ett'io son sempre la prima all'entrar.
la dove rimane la salma del morto
per poter al mio figlio parlar

Alla sera il cancello si chiude
ett'il guardiano m'impone d'uscir.
io son costretta a lasciar questa terra
ma il mio cuore però resta qui

Fine

C Dispiacere d'unna sposa] Godinz il 16/12 913

Mi rammento quel giorno che tiannunzia vanvan che eri

chiamato dovendo far quella triste partenza

~~Dl ottantesimo deniste~~ Lasciando la Moglie e una bambina

Dl settantesimo deniste assegnato che a Firenze aveva la residenza.

Triste e il destino la sorte ti toccò dovendo partire

lontano da me, Arier Marzoglioso di giovin Militar

partisti per la guerra anche per guerreggiar.

Mi rammento quella notte fatale che è succ<esso> quel gran

combattimento, e tu riportasti una ferita mortale che

Dovette spirar fra gran turmento Chi di quante e molte

volte chiamastimee dovendo spirar in quel crudel dolor

Triste e il destino prendesti il marito amee per non più

riportarmelo miscoppia il cuore a me.

Quando alla notte mi sogno mi par sempre la tua visione

quando mi sveglio oche vana illusione pensando al Marito mi

ho su lontano mori.. Quando la bimba tua chiama

sua mamma stringendola e baciandola le dice

O mamma dov'e il mio pappà lassù nel paradiso
che per la patria dovette lui partire sul campo della gloria
il padre tuo morì. Chissà quanti morti lassù resto
lasciando le famiglie nel crudel dolor.
Chi perde il Padre e chi il figlio il Marito
ancor non avranno mai provato così dolor al cuore

Fine

La lingua delle donne.

È la lingua delle donne e la cagione d'ogni male e la
rovina universale d'ogni popolo e massima. Incostante
e men vogmire capricciose et vidiosi vanitose e
turgogliose la natura vi creò. Pater nostry) et
in casa sempre intante acchiacchierare e basimare
viete mostre dell'Inferno. Peggio ancora.)
Se qualcun viconfidasse un secreto delicato dopo
ancora già svelato. Voi l'avete propolato.
in terra e in ciel) Ella mattina appren
giorno i cappeli intricciati con carotto e co

pomata e cerretti inguantita) un bel letto
rimirato rimirato il rossore naturale e le mode ingene
le voi sapete il solo amati.) La mia moglie una
cara donna impolitica dottrina ma una lingua repentina
rivi tagliente dell'acciaio)) — ma col mio subito
bastone che si sente e mai non parlo, io cerca di
dimarla ma in vece, mi mori)) Stulle attenti
giodanotti quando moglie prendere te pentisdi, non
vorrete dopo fatto il gran error.
State attenti giodanotti se la moglie e chiacchierona
Bugiarda chiacchierona che si cerca dim ganaresi
non denato espressamente, che profitto di darla.
questo e un bel sermone che profitto vi dara
it voi donne tutte quante vecchie e ditte
maritate, se vi offeso perdonate che il poeta
vi lo do?
                    Fine Godiny il 18/12 1917

Spinci Spinci ame

Passeggiando in un giardino
Un grazioso soldatino
Di vedette in un sedile
Di mostrada assai gentile
E dunna Bambinaia
che aveda l'aria molto gaia
con un picin
giocando ognor.
cantada una canzona
che forma l'attenzione
del soldatin.
Fermò a sentir
Mio bel picin
spinci spinci spinci ame
Tira Tira tira ate
uno due e tre.
Pian pianinno il soldatino

si accostada più vicino.
Alla Bella Bambinaia
Che dell'aria molto gaia
Di cea frottole o migliaia
che mentre essa cantada
Un tenente li passada
E il soldatin
Fra il si e il nò
Non si pottete alzar
Per porterlo salutare
Perchè il picin
Disса così
Mio soldatin
spinci spinci spinci ame
Tira Tira tira ate
Uno due e tre
E il forbo tenentino

28

accostata al soldatino

gli dice sei in arresto

in caserma vai presto

non fai neanche un gestino

E il povero soldato

si sentì mortificato

Perché il picin

più non scherzò!

disse alla Bambinaia

d'all'aria non più gaia

La vengo aimè

tranquillo a si sta

Ma certo io sono

Che gli tornerò a giocar

e come alla prigione

fate entrar.

Udine Godiny 24/12 1917

1ª Il mondo ho girato
Dieci anni e sei mesi
Per mille paesi
ferma mi son
Per quanto ho veduto
Di grande varito
Le donne ho ammirato
Con grande attenzione
Dei loro costumi
Vi voglio parlare
E state ascoltare
Le varie impressioni
2ª Le donne spagnole
Dagli occhi luccenti
Coi fianchi sporgenti
  E sono così
Movensi e superbe

delle donne
Delle donne
Nature focose
amanti gelose
Che sanno ammazzar
Se amor chiedete
Vi guardano avanti
Senz'oro e brillanti
Non vuprono il cor.
3ª Le donne Francese
Per chi le conoscie
son come briose
Nel latte e Caffè
Odorano in bocca
Di dentro e di fuori
Per ricchi signori
Son dolci bocconi
Serviti in merenda

Comprandole in piazza
Del latte la tazza
Si fanno lecar.
2ª Le bionde inglessine
Tecchite fieure
...ciate nature
Nel far l'amor.

Ma il sangue non bolle
Di far colle molle
Lo sanno pigliar.
Una foglia d'arbione
Di tutto se secca
La sola Bistecca
La secca un pochin.
5ª Per quanto sappiamo
Le donne olandesi
son molte cortese
Nel far l'amore.

Si mitrano molto
Di pesce salato
Di stocco affamato
E di Baccala
Di sale elemento
non fanno lallenza
E qui la conseguenza
Ne stiamo a dubit.
Per chi non conosce.
6ª Le donne Tedesche
Di pelle son fresche
son fresche di cuor.
I loro mariti
Son gente d'affari
Perciò fanno affari
affari anche là
Così nell'amore
Signore ed artisti

Son tutte assortite
di grande valor.
1° Le donne Ungheresi
Bellezze e profumi
Degli occhi sagaci
Di buono splendor
In loro dimora
È un uomo di somma
Vorrebero dar,
E anno una lingua
Che ride e ferisce
Giamai non ridivia
alla pace non do...
8° Le donne Africane
Le indigine vere
Di pelle son nere
fan brutte impresion
Le gambe scoperte

Il naso schiacciato
Il labbro gonfiato
Il liber sen
Amar quelle donne
È un quarto da pazzo
Al sol contatto
Mi fanno impresion,
9° Le donne a Torino
Son fiori gentili
Che le brezze d'aprile
Che fanno in Brian.
A moda cortesi
Vacalgano bene
Se a mondo d'arene
Le state a mirar
Sarpenti sore pare
Con garbe le cose
Non sole le porte

Di aprono il cor.
9ª Le donne orientali
dal viso coperto
Nascondono certo
Di sotto un tesor
Chi usa scoprille
Ol fragia il sultano
La legge il corano
Ma ometta il prascia
Sofma buciai
il turio del ghero
Il palo di ferro
Mi fece assagiar.
11ª Le donne giapponesi
In massa son brutte
Ma fumano tutte
E Bevono il Te.
Non mangiano carne

Son gialle di viso
Di pesce e di riso
Si mutano ognor.
Badate che il pesce
Lo mangiano vivo
Ed è mitrido
Se frizzico un po'
12ª Le Belle Donnine
che stano a Milano
Ladoramo a mano
Ed a macchina ancor.
Sartine e modiste
Bustaie e servette
Artiste e cocotte
Ne ho visto un milion
faccine elegante
Distinte in amore
Son larghe di amore

...larghe di sen
13ª Le donne a Venezia
Nel loro dialetto
Vi fanno un effetto
Gradito a sentir
Di facile conquista
L'ò molto splendore
In gondola andrete
Con loro a remar
Al chiar di luna
Vi fanno sostare
Ei larghi canali
Vi fanno passare.
14ª Quelle di Firenze
Dal debol seno
Qua non e lo stesso
che in altre città
Amore in pittura

di forme attraenti
di lingua eccellenti
Ne sono insegnati,
Passiamo alla donna
Che qui si distingue
Ed men con la lingua
Che sanno adoperar...
15ª Le donne di Roma
Per chi mi conoscono
Son tutte in profume
Di dentro e di fuori
In dembi d'estate
Col troppo calore
Non Bolle l'amore
Con donne così
Ma di questi sempre
Con questa stimezza
Qui la permanenza
potrebbe durar.

Le Napoletane
Simpatiche è brune
con scarse scuaglione
che fanno in cociati
dei bei costumi
mangiate andature
di alta natura
Nel far l'amore
Andando per via
Vi fanno l'occhietto
il cuor dal petto
Vi fanno Balzar.
Vi siamo alla punta
del gran stivale
Se non vi fa male
Ancor ascoltar.
Vi Dirrò che le donne
che son Calabrese

son poco Cortese
con gente Straniera
Esse amano troppo
La patria sonstanza
perchè n'anno abastanza
Di Salame così...
18 Le Siciliane
Di sangue bollente
D'aspetto attraente
Fedeli in amor.
con chi si avvicinano
Non sono troppo leste
Ma per chi le conosce
Ne staranno a sentir
Ad abbandonarle
con nessuna Consiglio
Le occute sparniglie
Vi sanno mostrar

Per quanto ne ho veduto
Nel mondo passato
Come la bruzzese
Nessuna ho trovato
Son troppo vergognose
non si lasciano toccare
Mai sola la lasciano
Per poterci parlar
Se la fortuna ti viene
di sola trovarla
di vedero di toccarla
Di dentro e di fuori
Ed ora Signori
Mi turo la Bocca
La mia filistocca
Vi voglio finir.
Gia troppo mi pare
Di troppo seccarvi

Non voglio annoiarvi
con questa canzon
Ma se vi è gradito
Battete le mani
Che il resto domani
Vi faccio sentir.

Fine Godina
il 26/12/1917

Dame in Austria

Orfanella senza tetto
a Gorizia siam venute
senza pane e senza letto
fin le vesti abbiam perdute.
Non abbiamo il caro padre
Non abbiamo più una madre
Che di noi si prende cuor.
2ª Sotto il Rombo del cannone
siam vissute mesi e mesi
Con nel cor Trepidazione
Molti giorni abbiamo presi
A pregar nelle cantine
Se le porte di Udine
ti scuoteran di terror.
3ª Quanto è dura nostra sorte
Noi vedemmo in questa guerra
Fuoco, orror e rovina e morte
Passeggiar su nostra terra!
Nell'immane ria sciagura
A evitar maggior sventura
ti fu detto di parti...

4ª Eccellenza, quanto è dura
Questa vita dell'esiglio
Bene è ver che questa ma...
Riasciugarono sul ciglio
L'omai lungo nostro pian...
E una buona madre intant...
ti lenisce il gran marti...
5ª Grazie a voi, benefattori!
Il pregar dell'orfanella
Sale a Dio i suoi tesori
Nell'umile sua sorella
In voi chiama e lunga vit...
Poi la grazia più sentita
Della gioia senza fin!
6ª Ma il lor grazie più amoro...
Il lor grazie singolare,
Il lor grazie rispettoso
Vengo a voi che di speciale
zelo avete, e gran clemenza
Nel curare, o Eccellenza,
D'orfanelle il rio destin
le orfanelle profu... dell'istituto
...dalla...

Dalle memorie di un Prigioniero Dicembre 24 1917

Eccoci alla vigilia del Santo natale... Siamo qui in cinque compagni. Il nostro pensiero vola come sempre alle lontane Famiglie, e con tutta la nostalgia del passato ci sembra vedere le nostre care mamme tutte affaccendate, a preparare a pulire ed adornare la nostra modesta casa. I bambini nella loro innocenza trastullano, e giubilando cantano lode al Bambino Gesù, che da esso attendono i doni che tanto desiderano. I cari ricordi della nostra infanzia, le campane squillano melodicamente e le dolci note tengono fisso il pensiero che Domani è la gran tradizionale festa del Redentor Gesù, così ci sembra e tale era prima di questa sgraziata guerra. Questa allusione è breve. Poiché subito si viene alla realtà, è scompare ogni sentimento gaio, e con angoscia vediamo le nostre brave mamme.

tristi e pensierose che attendano alle loro faccende, r
non tranquille, ma non felici. E vagano col
pensiero lontano. Ci sembra di vederle muovere e
rimuovere oggetti senza mai riuscire ad assentarsi
come vorrebbero, e come solevano quando il loro cuore
non era ferito, quando il loro spirito era tranquillo
Povere mamme! Come noi a loro il loro pensiero
è là presso i loro amati figli! E li vedono costretti
nel fango della trincea, sofferenti, intirizziti dal
freddo, li immaginano nel terribile momento
dell'assalto, e prima di muovere il passo verso
il nemico volgere il pensiero a loro, inviar un salu...
un bacio che è l'ultimo e poi con impeto slanciarsi tr...
fragore dei cannoni, tra il sinistro rumore della
mitragliatrice, tra la grandine dei proiettili al
grido della folla, o poco dopo cadere rantolanti,
con voce fioca... mamma... muoio... Addio...
t'aspetto lassù; li vedono nel letto

dell'ospedale che soffriamo di ferite, e le buone
suore prestar loro le cure necessarie, e loro non
riconoscere la necessità, da esse e chiamare mamma
è la mamma, che deve guarire; la sua parola è il suo
affetto, e la medicina che cercano e che sembra li
guarisco... Li immaginano giacenti al suolo feriti
priviso; ecco di, invocando aiuto chiamare
il dolce nome. Li imaginano Prigionieri del
nemico, stanchi, freddoli, affamati, chiedere
un pozzo di mare il quale viene loro negato
il soldato di scorta con rudici mocligli
vince avanti e loro umiliati gli abbassare il
con gli occhi in pianio trascinarsi faticosame
te, mamme e troppo il vostro dolore, lo
immaginiamo, il cuore si di strazio, e nulla
nolete fare per i vostri amati, se non con
la vostra fervida prece a Dio attingere
conforto e speranza...

Il giorno che dovrebbe essere gaio, tristamente si spegne e si indora la sera. Allora più triste ancora si la il vostro pensiero e fisso sempre alla lontana nostra patria vediamo nel focolare domestico di case romite la mamma col rosario tra le mani mestamente prega rompiendo ogni tanto il nostro triste silenzio con qualche sfuggito singhiozzo. Il vecchio padre seduto al tavolo guardando dalla parte opposta dove sta la sua amata vecchietta per non far scorgere la tristezza del suo volto colla sua testa appoggiata ad una mano, collo sguardo fisso che sembra guardar lontano, ogni tanto senza far scorgere si asciuga una lagrima che malgrado la sua volontà di tenersi - fastidiamente gli scorre lungo la guancia. In un altro canto si mia sento seduta sta la giovine sposa tenendo sulle ginocchia il suo fanciuletto che

pena balbetta qualche parole... mamma, gli disse
tiene il Bambino e il Papà perché non diventa Casa?
A tale innocente domanda alla giovane si
riempono gli occhi di lagrime, e trattenendo con
fatica il pianto, segna col dito al suo Bambino:
Il Papà è lassù.
Poveri genitori! Povera sposa! E' l'annuncio
di pochi o più giorni che il suo amato è caduto
combattendo, le ha schianta o il cuore, come
un fulmine colpendo schianta un rigoglioso
        Albero...
La gioia, la tranquillità, la pace nell'affetto famigliare di un tempo, nella ricorrenza
di questi giorni, s'è inventò in dolore in
pianto e in disperazione,
La voce vibrata di un compagno che è sempre
il più allegro ci scuote da questo letargo che
ci teneva assopiti esclamando:

Oh corpo di tutti i diavoli, che facciamo qui' tutti ammalati come tanti frati nelle loro meditazioni? Dobbiamo svegliarsi e dare bando a tutte fandonie e pensieri chi ci vogliono inforcare. Via tutte le piagnuscolerie e pensiamo che domani è il giorno che è nato il Redentore ad ogni costo lo dobbiamo distinguere coll'essere anche noi più allegri. Vadano alla malora an= quei quattro quattrini che teniamo imprigionati nel Borsellino. Tante cose dobbiamo fare! Rimetterci a questa vita non possiamo, e nemeno per i nostri compagni, che son morti e per quelli che son là ad ammuffire nelle trincee. Anche noi abbiamo fatto la nostra parte e..... Il diavolo non ci ha voluti più; quindi è segno che dobbiamo vivere ancora e per vivere un pò tran= quilli bisogna farsi forti e dimenticare il passato e il..... presente.

non pensarci al futuro; anzi ci pensiamo ma per star

legri. In via compagni pensiamo a ciò che

possiamo acquistare, poichè i miserissimi negozi

del paese non tarderanno a chiudersi, e per

allontanarne i nostri quattrini ne fanno sempre abbastanza

quindi è meglio obbrigarsi per non rimanere del tutto

    gabbati.

Hai ragione esclamiamo in coro, e' passando una

mano sulla fronte, come per scacciare i tristi

pensieri ci leviamo dalla misera tavola facciamo i

conti cassa e prestamente la importante spesa.

Uno se ne va nel vicino bosco a tagliare un piccolo

albero, il quale lo adorniamo come meglio è possibile

saltandolo con la nostra troppo matura innocenza

ed ecco pronti per salutare il tradizionale

Santo et a tale col proponimento di chiedere il

permesso per assistere alla grande Messa di

    Domani.

              Fine

          clame

Italiano	Tedesco
Preciso o puntuale -	Bestion
Dove va	Wo wer si ...
Cosa vuoi	Vas vollenti -
Cosa hai fatto	Vas gemacht
Mi vuole lei bene	Hans mich gorne
Io ta amo di motto	Ich liebe sufil
Come si chiama il suo nome	Ti haite si vè nam
Dove andaste	Wo varen si
Oggi mi ha fatto arrabiare -	Aite amsi mir pez
Cosa ha fatto ieri -	Vas semi si gesters gemach
Io mi chiamo -	Ich aise
Brutto	Selin
Ridere	Lachen

[signatures / flourishes]

Centrale dei pacchi Sigmundsherberg
Evidenza

Göding 2/3/1918

Le nostre famiglie costantemente inviano delle cartoline colla quale giustificano la spedizione dei pacchi e noi non sappiamo a quale causa si possa attribuirne fatto sta che da 3 mesi non ricevo nulla. Quindi si rivolgiamo a codesto comando dei pacchi in Sigmundsherberg affinchè voglia vivamente interessarsi ringraziandovi anticipatamente saluti.

Loria Fedele N° 41925 Campo di Concentramento Mauthausen

Presso Baumeister Anton Müller

Tabak Fabrich Göding Mahren

Di Martino Giovanni Kupuk Gusztav Veahi

Porsongmeg2L,

Di Martino Giovanni

47

John Berlin, Salksburg W. Va.

Clarksburg W. Va

Ponte Vedra W. Va

Charleston W. Va..

Montgomery W. Va.

Eldridge W. Va..

Handale W. Va...

Manchton W. Va..

Waconah W. Va...

Standard W. Va...

Carbondale W. Va...

Canaletton W. Va..

Pittsburg Pa..

Chicago Ill.;

Point Creek W. Va..

He is a native of Vienna and these two gentlemen
o natives of Naples. Those Romans are protestants.
i republicans were then enemies of the socialists;
A this republican is now always seen together
with a socialist.

My father, mother and sister have come.
This boy your mother and the woman and old
an are ill; I have seen your mother and brothers
speak to your uncle about my father and
for my sisters; The books are my own mine
the own child was killed.

The translation is better than my sister's
than that of my sister. There are several
entlemen There is your brother. Here are your
brother. That, o This is the question he put
to me These o These are the question he put
to me

Soding il 25/12 1917

Lista dei pacchi ricevuti in Austria
Croce Rossa riceduti 8
Di casa riceduti il primo giorno 20/12 14

Pacchi riceduti di casa Tottale 18. 15 16

giorno 20 Dicembre riceduto 3 pacchi con scarpe
pantaloni e maglie e mutande. _____

Pacchi ricevuti nel 1918 di Casa 1, 1, 1, 1, 1, 1

Croce Rosa, 1, 1, 1

spedisco la fotografia di Borghese il 26 Maggio 1918
in sieme con DiMartino;

...mi in inglesi   James.   Giacomo

John   Giovanni

Margaret   Margherita

Henry   Enrico

Frances,   Francesca

Jane,   Giovanna

Benjamin   Benjamino,

Charles 1º   King. of England:

Bill   Biagio

Jim;   Vincenzo

Toni   Antonio

bed. letto church Chiesa mar Ket mercato
prison prigione school, scuola Table Tavola
... speranza hour, ora,
Wool wool lana gold oro, lead. piombo earth, terra
... regno silk seta flax lino, hemp canapa
gold braceleT braccialetto, uno braccialetto d'oro,
silk thread, filo di seta, John Creek, lattere
to thi King,

51

www.ingramcontent.com/pod-product-compliance
Lightning Source LLC
Chambersburg PA
CBHW041954100426
42812CB00018B/2653